NEW YORK POST

Wicked
Su Doku

NEW YORK POST

Wicked
Su Doku

150 Difficult Puzzles

Compiled by sudokusolver.com

HARPER

NEW YORK . LONDON . TORONTO . SYDNEY

HARPER

New York Post © 2010 by NYP Holdings dba New York Post

NEW YORK POST WICKED SU DOKU © 2010 by HarperCollins
Publishers. All rights reserved. Printed in the United States of America.
No part of this book may be used or reproduced in any manner whatsoever
without written permission except in the case of brief quotations embodied
in critical articles and reviews. For information, address HarperCollins
Publishers, 10 East 53rd Street, New York, NY 10022.

HarperCollins books may be purchased for educational, business, or
sales promotional use. For information please write: Special Markets
Department, HarperCollins Publishers, 10 East 53rd Street, New York,
NY 10022.

ISBN 978-0-06-201192-3

10 11 12 13 14   RRD   10 9 8 7 6 5 4 3 2

All puzzles supplied by Lydia Ade and Noah Hearle of sudokusolver.com

Book design by Susie Bell

Contents

Introduction

Su Doku is a highly addictive puzzle that is always solvable using logic. It has a single rule – complete each Su Doku puzzle by entering the numbers 1 to 9 once in each row, column and 3×3 block.

Many Su Doku puzzles can be solved by using just one solving technique. In the Difficult rated Su Doku in Fig. 1, two blocks in the center row of blocks already contain the number 4. So, the 4 for the center block (highlighted) must go somewhere in the fourth row. As there is already a 4 in the sixth column, you can now place the 4 in the only remaining square in this block.

Fig. 1

			6	8		5	3	
					4	6		8
					7		9	
			8			1	2	
		5		3		4		
	2	4			6			
	3		2					
7		2	1					
	1	6		7	8			

You can apply the same technique to place a number in a row or column.

In this puzzle, you will need a slightly harder technique that may require pencil marks. Pencil marks are small numbers, usually written at the top of each unsolved square, listing all the possible values for that square. In the top right block, there are few unsolved squares remaining, so mark in all the pencil marks for this block (Fig. 2). One square has only the 2 pencil mark as a possibility and so can be solved.

Fig. 2

			6	8		5	3	1247
					4	6	17	8
					7	(2)	9	124
			8	4		1	2	
		5		3		4		
	2	4			6			
	3		2					
7		2	1					
	1	6		7	8			

Remember, every Su Doku has one unique solution, which can always be found by logic, not guesswork.

Puzzles

1

4	8				2			7
		1	5					4
		6			7	3	8	
6		8	3		9		1	
	4		6		8	2		9
	1	9	8			4		
5					4	1		
8			7				5	3

2

	8			7				
3		4			5	8	1	
	7	1				6	2	
			1		3		5	
6								1
	1		9		4			
	3	2				1	4	
	5	8	4			3		2
				3			9	

3

5	7		4		8		3	1
6			9		3			2
7				8				9
		6	2		4	3		
4				6				5
1			8		9			4
9	4		1		2		7	6

4

		4			1			
	9				5	2	6	
	8	5				9		1
2	5		8		6			
				3				
			4		2		5	7
4		1				5	8	
	7	9	1				4	
			6			7		

5

		1		3	5		9	
7			9					
		9				8		5
8				6			5	
5			8	9	7			4
	6			5				8
2		3				4		
					2			3
	5		1	8		2		

6

	5	9			4	7		
					3			9
3			9					8
7	4			6		2		
			7	9	1			
		5		3			7	1
8					7			2
2			3					
		6	8			3	4	

7

		4				8	7	
9					7	5		
7	3			4				1
	5		9		4			
		1				6		
			1		6		3	
5				1			9	4
		7	2					6
	8	9				2		

8

3			1					7
	1					2	8	
	5			2	6			
		7	8		4			1
		1		5		6		
9			6		1	7		
			3	1			7	
	2	9					4	
1					8			6

9

		8			6			
				1	8			7
5			3		9		4	8
1	9							
4	8		9		2		5	6
							9	4
7	1		5		4			3
3			8	9				
			7			9		

8					1		2	3
7			9					
2	1		6					
	8	3	1					
		9	5		2	4		
					8	3	9	
					7		6	1
					4			5
5	2		8					4

	7	9				8	2	
6		3	7					
	8				2			
7			8		9	4		
	6						7	
		1	4		3			2
			1				9	
					8	3		1
	1	8				2	6	

	3	4		1		6	5	
2				5				3
5			3		6			1
	7						9	
8								6
	9						1	
9			1		5			2
3				4				9
	4	2		3		7	8	

	6							
	4			8		9	1	3
				3	5			2
3	8	9			2			
				6				
			7			8	9	4
4			8	2				
9	2	8		1			6	
							2	

14

	6	9	1			3	4	
3	8		9					
		2		7			9	
	3		5		1			
				8				
			6		7		8	
	9			1		7		
					4		1	5
	5	7			6	2	3	

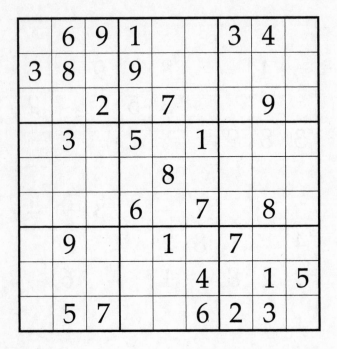

1			9					
5		3		4			1	
	9		3			8		
8	2					5		
		1		7		6		
		4					2	8
		9			3		8	
	3			5		2		9
					7			4

16

7							3	
		6	2				8	7
5			6					9
	6				4		9	
9		7				4		2
	4		1				5	
4					8			5
6	5				2	1		
	8							4

	7		1			8	3	
3								7
9			5	3				
				1		6		5
		5	4		6	7		
1		7		9				
				6	4			1
6								2
	2	8			1		5	

			1			5		
		9	8		4	3		6
		5			2			7
1	6	3			5			9
9			6			2	7	5
3			2			4		
2		1	5		8	7		
		4			3			

19

3								
		9			8	3	4	
	8			6	3	1	9	
					6	4	1	
		8		9		7		
	1	4	2					
	3	2	9	8			5	
	4	6	3			9		
								7

1				9	7	6		3
	9			6			1	
5		7	1			9		
2						5		
7	1						4	6
		9						7
		5			8	4		9
	7			5			3	
9		8	3	7				5

			6		3	9		
		8		1				
	3			5		4		1
4			2					6
	5	2				8	7	
9					5			2
1		3		8			2	
				3		5		
		5	7		2			

22

			4					6
			7	8		1	9	
				6	9		2	
8	5				4	2		
	1	9				3	5	
		2	1				4	8
	4		2	7				
	7	1		3	6			
3					1			

		4		1		7		
8			3		6			9
		1	4		5	8		
4				3				1
1	8						5	6
2				6				7
		2	7		4	6		
5			6		9			4
		9		8		5		

1			5	6				
		5				3		7
	9			7				4
		6	8			5	9	
	3	2			1	8		
8				5			4	
3		9				2		
				9	2			3

					6		4	
		9	1		4			
	3			5		1	9	
5					7	3		
9	1						8	2
		4	8					1
	5	1		4			3	
			6		3	2		
	9		5					

			7					
		6	5		1	4		
	7	1				2	6	
	9		3		8		4	2
5	3		1		2		9	
	2	9				3	1	
		4	8		6	7		
					9			

3	7				5	6		
6				3		1		4
						7	8	
5			9			8		
7								6
		9			6			1
	5	3						
2		7		6				5
		8	1				4	7

28

				5				
	1		2	4	9		7	
6			8		3			9
1		2				3		6
	7						1	
5		8				7		2
2			4		8			1
	3		5	9	1		8	
				3				

	2		7			9	6	
							7	1
		4	5					
	7	6						4
		1	2		3	7		
3						8	1	
					2	6		
1	5							
	9	2			7		4	

				6	4	1	7	
6			5					
4		8	9		2	3		
8		6				2	9	
2								3
	9	5				6		8
		9	7		6	4		1
					3			5
	6	2	1	4				

		7			1	5	8	
				5			7	
	8	9					2	6
								2
		8	7	6	2	4		
4								
2	6					8	5	
	3			1				
	7	4	2			9		

	8	1	3		5	4	7	
9		7				8		3
			6		8			
			2	8	9			
	9						8	
			5	3	4			
			1		7			
7		5				9		6
	1	2	9		3	5	4	

5				4	2		9	8
3		9						
			7				6	
2				6		4		
7			8		5			3
		5		2				6
	5				9			
						1		4
1	8		6	7				9

34

1			4		6		3	8
9				3		6		
	8		7					
7			3		4	5		2
	9						4	
4		5	9		2			1
					9		8	
		2		1				3
8	1		5		3			4

	4	3				5	8	
6		1		4		2		7
			8		7			
			1		3			
1	9						4	3
			9		4			
			5		9			
8		5		1		9		4
	7	6				1	5	

4								
					6	8	9	
			2	7	9	1	3	
		7	3			6	2	
		3				5		
	5	6			1	7		
	1	4	5	3	2			
	3	2	8					
								2

5	4	6			1			
	9	8		6				1
		3			9			
	6							5
			4	5	6			
2							6	
			9			4		
8				1		3	2	
			3			8	1	6

Wicked

38

1	7		2					5
	6				5		4	1
		5			6	9		
	3	1						6
				8				
6						7	3	
		4	7			6		
8	9		5				7	
5					2		9	3

		4		3		9		
		1	5	6				
5					8		6	2
		7					4	
9	4						5	3
	1					7		
7	9		6					4
				7	2	5		
		8		5		3		

		1	9		6	2		
4	6	3		5		9	1	8
			4		1			
	3						8	
		7	5	1	8	6		
	8						2	
			1		3			
6	7	2		4		1	9	3
		8	7		2	5		

				2	1			9
			7	4				
	5						2	6
			9		4	2	7	
	8	4				5	9	
	7	2	1		8			
7	2						8	
				9	7			
4			8	6				

		1		5	6		7	
7								
		2	8	1		6		3
2			5		1	4		
5		4				8		9
		6	7		4			2
1		9		3	8	7		
								8
	8		4	7		1		

8	6		2					1
		5		9				6
		1			6	3	5	
		2		4				7
	8		1		9		4	
6				3		1		
	1	6	5			9		
7				6		5		
5					7		6	4

	8			3			7	
			6		1			
		7	8		9	3		
2	3						4	5
4		8				1		2
5	7						6	8
		3	5		4	8		
			2		6			
	2			9			1	

		3				7		
1	4			5			9	3
	7		2		6		1	
6				7				9
9			3		8			7
4				1				6
	9		1		5		7	
7	5			9			2	1
		1				9		

46

	8		1	3		6		9
		3	8		4	2		7
	6	9		2			3	
	4			5		9	1	
9		4	7		1	5		
7		6		8	5		9	

		3		5	8		2	
5	8			4			1	
			3					9
1						2		
9	5			2			6	4
		2						7
8					5			
	2			9			7	5
	6		4	1		8		

7					2	8		5
		2				9		
	6			7			3	1
				5	1			8
		1	4		7	5		
8			6	9				
2	1			4			5	
		5				4		
4		8	5					3

								5
7	5	9	1					
		4	3		7			
5		6	4					9
3		2				4		6
9					3	7		8
			5		9	2		
					4	8	6	7
2								

50

	9	2		7	8		3	4
	5		3		6			
		8			9			
	3							
7	1						9	5
							1	
			4			1		
			5		2		6	
5	7		8	6		3	4	

					7		6	
1	6	9	2				3	
			8				4	
6				9		4	7	
			7		4			
	7	4		1				8
	4				9			
	2				6	9	8	1
	8		1					

52

		1	3					8
			4		2	6		3
3		9	6					
		4					9	
9								2
	3					4		
					9	8		7
6		3	7		5			
2					3	5		

1			8		3			7
	9						2	
2				6				4
		2				5		
8			2		4			3
		6				9		
9				7				5
	2						8	
7			5		9			6

4	5					6		
8	6		4				3	
		1		6		8		7
	8		6					
		3				9		
					2		8	
9		2		7		5		
	3				6		7	4
		4					9	1

			7			1		5
	2			5		4		
			1		3		9	2
6		5				9		
	1						8	
		9				3		1
5	6		2		4			
		4		6			1	
9		3			1			

56

		9	6		4	5		
						2		
8	7	4				9		3
2			9		6			5
5			2		8			4
3		2				4	8	9
		1						
		6	4		3	7		

2								
6		4	9		3			
7			4	2	1			
	8	3						
1	6						7	2
						3	4	
			5	4	7			6
			8		9	7		5
								1

		5			1	2	3	
							6	9
	6	8	3					
	9	1	5	7		8		
		3		4	6	1	9	
					5	3	2	
2	8							
	5	4	1			7		

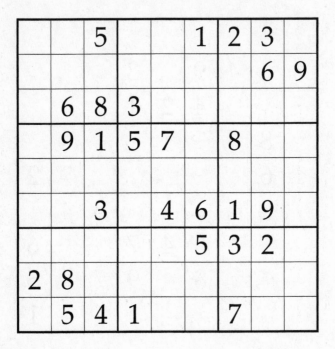

			4	1				
	1		2			9	3	
	9			3	5			
		2					9	6
9		8				3		2
5	6					1		
			7	9			5	
	5	9			1		7	
				6	8			

		3	7			1	2	
		5	8	1				
	9							
					6	5	8	
1	3						6	4
	6	9	1					
							4	
			2	3	7			
	2	6			4	8		

7				1				6
	6				4		7	
		9		6		2		
	4		5		9			
9		2		8		5		3
			6		3		2	
		5		4		7		
	3		1				9	
6				9				1

7	5		2			4		1
	1				3		7	2
9								
	6		3		5			9
4			1		8		2	
								4
1	2		4				6	
5		3			6		8	7

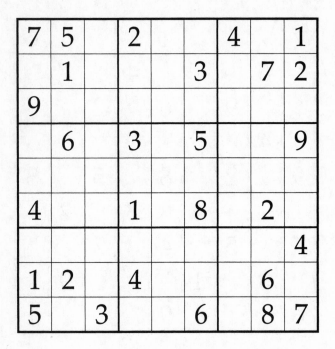

6					9			7
	2				7	8	6	
	3			4	8			
2	8	6						
		3				1		
						6	5	8
			7	5			2	
	7	2	9				8	
1			3					9

1			7		9			3
		2	3		5	6		
6								1
2		6				8		9
5		3				2		4
3								2
		8	5		2	4		
4			9		8			5

		5	3					9
	4			7	9			
7		9		5				
8			5				2	
	6	4				5	8	
	9				6			1
				6		7		2
			9	8			1	
9					5	8		

2		4		9		1		
	9	7		5				
	6		2					
	3	5	4	2			8	9
7	8			6	3	5	2	
					4		9	
				3		2	1	
		6		1		4		3

		4		6				
	9	2	8				4	
			5				6	2
			2		5	6	8	
2				4				3
	1	3	6		9			
1	7				6			
	2				3	5	1	
				5		7		

				1	8		9	4
	5					2		7
					7		6	
					4	6		2
6				8				1
1		8	7					
	7		5					
5		1					3	
3	8		4	7				

2	8		3		9		6	5
	7		2		1		9	
		3		4		5		
5								7
		9		8		6		
	1		6		5		4	
8	5		4		2		3	1

					3	7		6
				8		4	3	
		4				8	9	1
			1	2				9
	8		6		9		7	
6				7	5			
8	2	1				9		
	9	6		5				
5		7	8					

71

3		7	4					
				6				
		8	7		9			5
	4				2	5		
	7	5				9	8	
		3	6				1	
8			3		1	4		
				2				
					4	8		9

		5	2		7	1		
	2	6	3		1	4	9	
			4	5	8			
4	8						7	3
			7	1	3			
	3	4	6		5	9	1	
		7	1		2	6		

		9			5	7		
		2		8		6		1
							8	
					4		5	6
9			3		6			4
7	6		5					
	9							
4		5		3		1		
		8	1			2		

5			3		4			1
			7		2			
	6	7		8		3	4	
	8						3	
	4	2				7	8	
	5						1	
	7	1		3		5	9	
			9		5			
9			4		8			3

75

8	6	1					7	
		4			9			
				7	6			5
				5			8	
	9		6	4	7		5	
	3			9				
3			7	1				
			3			7		
	1					5	2	3

			6	1				
	1						3	
4					9		8	
1		7	9				6	
	3	6				8	7	
	8				3	9		4
	5		3					9
	7						4	
				2	7			

77

5	4						9	8
			5		6			
	2						5	
4		5		8		6		2
			7		1			
8		7		4		9		3
	3						6	
			4		2			
7	5						8	4

			2	6	1			
		1				5		
8		3				2		6
3			7		6			1
				4				
5			9		8			4
1		6				9		8
		5				4		
			5	8	7			

	8		5		4			
		3			1	5		7
	9						2	
7	6		1		5			8
2			8		7		4	5
	1						7	
8		2	3			4		
			9		8		1	

80

7	3		8				1	
1							5	
					3	6	7	
				8	4			
	8		5		7		3	
			1	2				
	1	5	9					
	2							4
	4				6		9	5

				7		2		
			9			7	6	1
			1		5	9		3
			7					2
	2	5				4	9	
4					9			
5		6	2		3			
9	8	2			6			
		3		8				

3			6		7			9
			3	2			4	
		5				1		
2	6		5		9			8
	7						5	
1			2		3		9	6
		9				6		
	1			6	2			
6			9		5			1

5				2			6	
	1	6			5	3		2
		3			6			8
				9		8		
	9						1	
		8		7				
7			6			2		
9		2	1			5	8	
	6			4				1

		1			2		7	
			9	8			6	2
3			7					
	3	6						1
	7			9			5	
2						6	3	
					7			4
5	2			3	9			
	4		6			8		

2	1	4			5	6		
9								
8					1	2		7
				8		3		9
			1		7			
4		6		3				
3		9	2					1
								2
		1	8			9	4	5

9		1		4		8		5
	4						6	
2			3					9
			7		2	9		
8				6				7
		9	5		3			
1					8			4
	9						8	
6		7		9		3		1

9					7	5		8
	5			3	4		2	
7			9					
3	1					2		
	9						6	
		6					5	4
					8			5
	4		6	1			9	
5		9	7					3

7			1			2		8
				6				
4		2	7			5		
			6		7	8		2
	5						9	
9		6	4		2			
		4			6	7		3
				4				
6		3			1			4

3	9						8	7
			7		2			
		1				5		
2	3		8		6		9	4
				9				
1	5		3		4		7	6
		3				9		
			6		8			
5	4						2	1

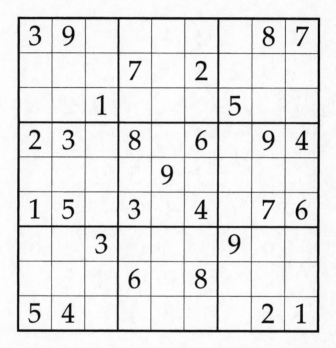

90

1	3		2	4			8	
	9	2	3					1
5							2	
			6	2				
			9	3	5			
				1	8			
	6							8
9					2	4	5	
	5			8	4		3	9

		6						
4		8	3			1		
		2			9			4
2				3	7			
	9	3		6		7	8	
			1	9				3
8			2			3		
		5			8	9		6
						5		

		9	1		7	5		
		7	9		2	1		
5								8
	2		5		9		1	
	8						6	
	7		8		3		5	
6								3
		3	4		5	6		
		8	3		6	2		

93

3			4					
5				2	9	8	7	
	2				7	9		
1	3							
		9		4		5		
							3	7
		8	3				4	
	7	6	9	5				1
					4			5

7						3	6	
5				6				
		3		2			9	5
		2	6					
	4	8				7	5	
					2	1		
4	3			5		2		
				9				4
	5	7						3

1		6	5	9				7
	4		1		7		2	
					4			9
	5	9					7	1
6								5
8	7					2	9	
4			7					
	8		6		9		5	
7				8	3	9		2

96

6				3	7	4		
					9		2	
		5				1		7
			9				6	1
8								4
1	4				6			
2		7				3		
	6		1					
		4	7	5				8

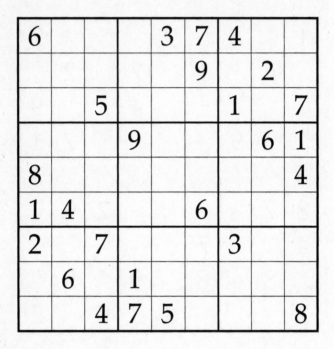

		8		7	6		9	3
		6						2
9			5					
		5				3		1
6			3		9			4
2		3				7		
					2			5
1						4		
3	7		1	4		2		

	7		2					
		4			5			7
		3		4	8	1	6	
	8	9						3
		5				9		
1						8	5	
	4	2	3	8		6		
9			6			5		
					1		2	

9		4	8	2			5	
		8						
	5	6	9		1			
4				8		6		
	2		3		7		4	
		7		9				1
			1		8	4	9	
						1		
	4			6	9	3		8

100

3			9			1		
		1				6	9	
	9				8		5	3
1				2		9		
			6	1	9			
		7		4				6
7	3		5				4	
	4	5				3		
		9			6			5

		5				6	4	
		6		4				1
8	4				1			3
			2	5		3		
	9		4		3		6	
		3		8	7			
7			3				8	5
6				2		1		
	3	8				2		

	8				6	2		9
	6	9				8		
	3			8	9			7
					2			5
			9	7	5			
5			8					
1			4	5			9	
		7				4	3	
3		8	7				5	

103

	2	7	8			4	6	
5		6						7
9							1	2
				4				6
			1	3	5			
7				9				
3	7							1
2						7		4
	4	8			7	3	2	

Wicked

1			3		9			7
5			6		4			8
		4				3		
			9		2			
7		2		5		1		3
			1		6			
		9				8		
3			7		1			2
6			8		5			9

8	3						9	7
				6			2	
			2		3		5	
				1				8
7	2						1	6
5				7				
	1		7		4			
	5			3				
2	4						7	9

		7		9		4		
9			6		2			5
	1	9		8		5	2	
7		8				6		3
	3	6		7		9	4	
3			2		7			6
		4		3		2		

	7	4						5
		2	6				3	
8		3	5					6
1					4			
	3		1		2		6	
			9					8
9					1	8		4
	2				6	7		
3						6	9	

	3		5	8				6
	7				4	5		
8	5			6	7			
						9		
	9	1				4	3	
		5						
			7	4			6	9
		3	2				4	
6				9	5		1	

8					4	3		6
		2		8				
	5		3					9
		6			1			2
	3						5	
7			9			4		
6					7		3	
				4		1		
9		3	1					4

8	4		1					2
7	6				4		1	
				7				
1			6		8		2	
		5				3		
	2		9		1			8
				1				
	5		7				6	4
4					5		3	7

111

4		6				5		
3								9
					9	6	4	
	4				5	9		1
1			4		7			5
5		3	2				7	
	3	4	5					
9								3
		1				7		8

3					2	1		
			8			3		
2				9		4	5	
	9			5		7		3
		5		4		2		
4		2		3			8	
	2	3		8				5
		7			1			
		4	6					2

113

3		1	5					8
		8	2					
		9		4		3	1	2
							8	6
		3				1		
8	1							
9	3	4		1		6		
					7	8		
1					2	5		3

Wicked

114

7		6		8				4
					9			
		2	6			3		5
	5		9		2	8		
6								1
		8	1		6		4	
8		4			5	1		
			2					
9				1		5		6

					4	9	2	
2		3			5	4		
5	4		1				3	
3	2					8		
				8				
		8					9	6
	5				8		4	9
		7	9			1		2
	9	4	5					

Wicked

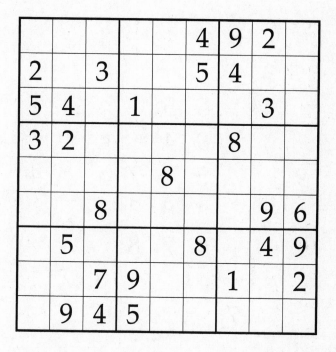

		8	7			1		
	3	2						
	4		8	5				7
		5	9	4				
9			5		7			4
				8	3	7		
2				7	8		4	
						8	7	
		7			9	6		

			3	1		9	2	
	9			4	5		3	7
						1		4
8							1	
1	5						9	8
	2							5
9		2						
3	8		1	5			4	
	1	5		7	8			

					1		4	
4								
3					4	6	2	9
					6	8	3	
1								4
	9	4	8					
2	5	8	1					3
								2
	3		7					

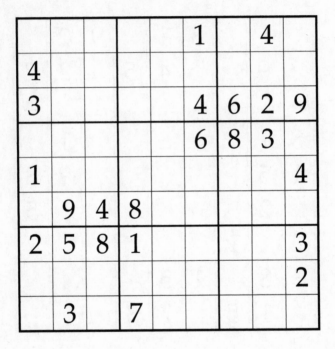

	1	2	3					
	4	7					9	3
		3			4	8	1	6
		4	5		1			2
1			7		2	4		
7	5	9	1			3		
4	6					1	2	
					8	7	6	

120

		5	9				4	2
8		6						5
	2					6	9	
		9	8		7			4
3								7
7			6		3	9		
	3	1					7	
2						4		6
9	6				1	5		

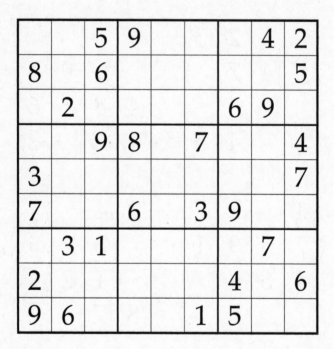

2				7		4		8
		5		3				
	6				2			5
				5		8		
6	5		1	8	7		4	3
		9		6				
1			7				3	
				4		7		
4		6		2				1

	2	7				9		
			5		7	2		6
5	4							7
	1		2		3		7	
				4				
	5		8		6		1	
8							2	9
4		5	6		1			
		2				5	6	

					6		4	
2		4		1	5			
		9	7			1	3	
1	3					9		
	9			5			6	
		7					1	8
	7	1			4	2		
			8	9		4		3
	4		2					

			8					3
9						6		4
1		6	4		3	7		
3					2			
	2	9				1	4	
			1					9
		1	3		7	4		6
7		2						8
6					5			

5			7		6			3
6	9						2	5
		3				6		
	1			2			7	
4	7						8	6
	6			7			5	
		6				5		
1	4						3	2
2			3		4			7

7			3					9
		5		6				
			2	5	1		7	
		4				1		2
	5	7		3		8	9	
2		9				7		
	9		7	2	8			
				1		9		
8					3			6

	8			3	7			
			4		9			8
		1		2	6	4		
7	9	6					5	
2		3				8		6
	4					7	3	9
		4	2	9		5		
3			5		4			
			7	6			8	

	1			2	6			
8	7					2		
		6	5					
7	4		2					1
	9						7	
5					9		2	4
					2	6		
		1					9	5
			7	6			3	

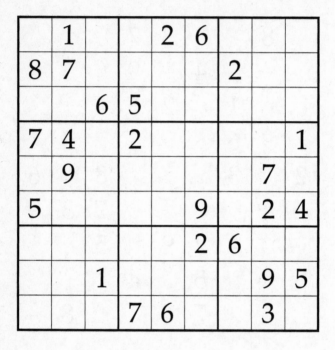

4	6					8		2
			2	1		6	5	
	5				8			
			8	9			2	4
				5				
9	7			4	2			
			4				8	
.	9	8		7	1			
6		7					1	3

	8					2		
	9						7	6
5		4		7	3	8		
		8	4		7			
		6		2		5		
			8		5	6		
		5	1	9		3		2
9	1						4	
		3					9	

6	4				1			
			6		4		7	2
								6
		2			5	6		
8								5
		1	2			9		
4								
5	9		1		6			
			8				1	4

9	7			1	5			4
		8			4			9
				3			6	
3	5							
1		2				8		6
							9	7
	3			4				
7			5			9		
2			3	6			1	8

			6	7				
8		7					1	6
	4						5	
9				6		2		
	8		9		5		4	
		1		8				9
	3						2	
6	1					7		3
				4	3			

Wicked

	8		4		7		6	
2				8				4
		9		6		8		
9								7
4			5		9			2
1								6
		3		7		6		
5				3				8
	1		2		8		3	

135

6	5		7					8
			5		3			1
		7			9	5		
	3	6					1	2
2	9					3	5	
		1	2			8		
4			6		8			
7					1		2	6

1				8		9	7	
2					9		5	3
			5				6	
3	8			4			9	
			8	9	3			
	4			5			1	8
	3				6			
4	1		7					9
	2	7		1				6

7			6		3			
5		2						
1				9		5	3	
9						3		
	8	4				1	2	
		7						5
	9	5		7				3
						7		1
			8		2			6

Wicked

8		5				7		1
					8			
	1		3			2	8	
				8	4			3
7								4
6			1	3				
	6	9			3		5	
			2					
1		4				9		8

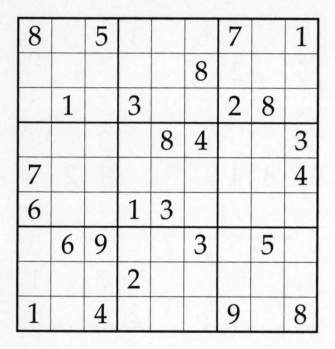

1		8			9			
7		4	1					
		2	6					5
6		9						
	2	5				4	9	
						2		7
4					8	3		
					7	5		4
			3			8		9

Wicked

2		4				9		
	6		1			2	5	
7				5				
			8	4		7		
		7				6		
		9		1	7			
				2				4
	7	8			6		9	
		2				5		8

4				2		8	7	6
9			6					
6			3		4			
		9				6	1	
8				3				2
	4	7				9		
			5		2			9
					8			3
7	2	6		9				5

	2				1		9	
					4	3		8
6	4							
8	3		6			1		
		1		4		6		
		2			5		3	9
							6	1
2		6	8					
	1		7				5	

	9	5				2		
3								
4			8	2		1		3
		4	2	1				
		6	7		9	4		
				8	4	5		
7		2		9	8			1
								9
		8				3	5	

						8		6
			6		3		9	
	9		1			2		5
9	6			4				
	7	1				4	8	
				2			6	9
8		2			4		5	
	5		8		6			
7		6						

					9	2		1
			6	4		7		8
9						3	6	
1	8				2			
			8		6			
			3				7	5
	1	6						3
3		9		6	5			
7		8	1					

6			1	2		5		4
	8			3				
			7					2
5		9		8		4		
	6						9	
		1		6		7		5
7					2			
				5			1	
1		8		7	9			3

1	5							7
		8						1
		9	3		7	8	2	
		6	2		1	9		
		1	4		8	2		
	1	5	7		9	4		
4						7		
2							3	8

		1	8			2		
	2		3					
6					9	5		1
3	6				2	1		
				8				
		2	7				3	8
1		6	2					4
					5		2	
		3			8	7		

149

				7	8			
	8					9	1	
	3	5		9		8		
5			4		7			
3		1				7		5
			3		5			6
		4		3		2	5	
	5	9					8	
			1	5				

Wicked

		4	7					
			8	6		5		9
6		1						
		8		4		6	9	
1			2		7			4
	4	3		9		8		
						4		3
2		5		7	8			
					3	7		

Solutions

1

4	8	3	1	6	2	5	9	7
7	9	1	5	8	3	6	2	4
2	5	6	4	9	7	3	8	1
6	2	8	3	4	9	7	1	5
9	3	7	2	1	5	8	4	6
1	4	5	6	7	8	2	3	9
3	1	9	8	5	6	4	7	2
5	7	2	9	3	4	1	6	8
8	6	4	7	2	1	9	5	3

2

2	8	9	6	7	1	5	3	4
3	6	4	2	9	5	8	1	7
5	7	1	3	4	8	6	2	9
4	2	7	1	8	3	9	5	6
6	9	3	5	2	7	4	8	1
8	1	5	9	6	4	2	7	3
9	3	2	7	5	6	1	4	8
7	5	8	4	1	9	3	6	2
1	4	6	8	3	2	7	9	5

3

3	2	4	7	1	6	9	5	8
5	7	9	4	2	8	6	3	1
6	1	8	9	5	3	7	4	2
7	3	2	5	8	1	4	6	9
8	5	6	2	9	4	3	1	7
4	9	1	3	6	7	2	8	5
1	6	3	8	7	9	5	2	4
9	4	5	1	3	2	8	7	6
2	8	7	6	4	5	1	9	3

4

7	2	4	9	6	1	8	3	5
1	9	3	7	8	5	2	6	4
6	8	5	2	4	3	9	7	1
2	5	7	8	1	6	4	9	3
9	4	6	5	3	7	1	2	8
3	1	8	4	9	2	6	5	7
4	6	1	3	7	9	5	8	2
5	7	9	1	2	8	3	4	6
8	3	2	6	5	4	7	1	9

5

6	8	**1**	4	**3**	5	7	**9**	2
7	4	5	**9**	2	8	6	3	1
3	2	**9**	7	1	6	**8**	4	**5**
8	9	4	2	**6**	1	3	**5**	7
5	3	2	**8**	**9**	**7**	1	6	**4**
1	**6**	7	3	**5**	4	9	2	**8**
2	1	**3**	5	7	9	**4**	8	6
9	7	8	6	4	**2**	5	1	**3**
4	**5**	6	**1**	8	3	**2**	7	9

6

1	**5**	**9**	2	8	**4**	**7**	3	6
4	7	8	6	1	**3**	5	2	**9**
3	6	2	**9**	7	5	4	1	**8**
7	**4**	1	5	**6**	8	**2**	9	3
6	2	3	**7**	**9**	**1**	8	5	4
9	8	**5**	4	**3**	2	6	**7**	**1**
8	3	4	1	5	**7**	9	6	**2**
2	9	7	**3**	4	6	1	8	5
5	1	**6**	**8**	2	9	**3**	**4**	7

7

2	6	**4**	5	9	1	**8**	**7**	3
9	1	8	6	3	**7**	**5**	4	2
7	**3**	5	8	**4**	2	9	6	**1**
6	**5**	3	**9**	2	**4**	7	1	8
4	7	**1**	3	8	5	**6**	2	9
8	9	2	**1**	7	**6**	4	**3**	5
5	2	6	7	**1**	8	3	**9**	**4**
3	4	**7**	**2**	5	9	1	8	**6**
1	**8**	**9**	4	6	3	**2**	5	7

8

3	9	2	**1**	8	5	4	6	**7**
6	**1**	4	9	7	3	**2**	**8**	5
7	**5**	8	4	**2**	6	3	1	9
2	6	**7**	**8**	9	**4**	5	3	**1**
4	3	**1**	7	**5**	2	**6**	9	8
9	8	5	**6**	3	**1**	**7**	2	4
5	4	6	**3**	**1**	9	8	**7**	2
8	**2**	**9**	5	6	7	1	**4**	3
1	7	3	2	4	**8**	9	5	**6**

Su Doku

9

2	7	**8**	4	5	**6**	3	1	9
9	4	3	2	**1**	**8**	5	6	**7**
5	6	1	**3**	7	**9**	2	**4**	8
1	**9**	5	6	4	7	8	3	2
4	**8**	7	**9**	3	**2**	1	**5**	6
6	3	2	1	8	5	7	**9**	**4**
7	**1**	9	**5**	2	**4**	6	8	**3**
3	2	6	**8**	**9**	1	4	7	5
8	5	4	**7**	6	3	**9**	2	1

10

8	9	6	7	4	**1**	5	**2**	**3**
7	3	4	**9**	2	5	1	8	6
2	**1**	5	**6**	8	3	7	4	9
4	**8**	**3**	**1**	7	9	6	5	2
6	7	**9**	**5**	3	**2**	**4**	1	8
1	5	2	4	6	**8**	**3**	**9**	7
9	4	8	3	5	**7**	2	**6**	**1**
3	6	1	2	9	**4**	8	7	**5**
5	**2**	7	**8**	1	6	9	3	**4**

11

1	7	9	5	3	6	8	2	4
6	2	3	7	8	4	1	5	9
4	8	5	9	1	2	7	3	6
7	3	2	8	6	9	4	1	5
8	6	4	2	5	1	9	7	3
5	9	1	4	7	3	6	8	2
3	4	6	1	2	7	5	9	8
2	5	7	6	9	8	3	4	1
9	1	8	3	4	5	2	6	7

12

7	3	4	9	1	2	6	5	8
2	1	6	4	5	8	9	7	3
5	8	9	3	7	6	4	2	1
6	7	3	5	2	1	8	9	4
8	2	1	7	9	4	5	3	6
4	9	5	8	6	3	2	1	7
9	6	7	1	8	5	3	4	2
3	5	8	2	4	7	1	6	9
1	4	2	6	3	9	7	8	5

13

8	6	3	2	9	1	7	4	5
2	4	5	6	8	7	9	1	3
7	9	1	4	3	5	6	8	2
3	8	9	1	4	2	5	7	6
5	7	4	9	6	8	2	3	1
6	1	2	7	5	3	8	9	4
4	3	7	8	2	6	1	5	9
9	2	8	5	1	4	3	6	7
1	5	6	3	7	9	4	2	8

14

7	6	9	1	5	8	3	4	2
3	8	4	9	6	2	1	5	7
5	1	2	4	7	3	8	9	6
2	3	8	5	4	1	6	7	9
6	7	5	3	8	9	4	2	1
9	4	1	6	2	7	5	8	3
4	9	3	2	1	5	7	6	8
8	2	6	7	3	4	9	1	5
1	5	7	8	9	6	2	3	4

15

1	7	6	**9**	8	5	4	3	2
5	8	**3**	7	**4**	2	9	**1**	6
4	**9**	2	**3**	6	1	**8**	5	7
8	**2**	7	4	3	6	**5**	9	1
9	5	**1**	2	**7**	8	**6**	4	3
3	6	**4**	5	1	9	7	**2**	**8**
7	4	**9**	6	2	**3**	1	**8**	5
6	**3**	8	1	**5**	4	**2**	7	**9**
2	1	5	8	9	**7**	3	6	**4**

16

7	2	4	9	8	5	6	**3**	1
3	9	**6**	**2**	4	1	5	**8**	**7**
5	1	8	**6**	7	3	2	4	**9**
1	**6**	5	7	2	**4**	8	**9**	3
9	3	**7**	8	5	6	**4**	1	**2**
8	**4**	2	**1**	3	9	7	**5**	6
4	7	1	3	6	**8**	9	2	**5**
6	**5**	3	4	9	**2**	**1**	7	8
2	**8**	9	5	1	7	3	6	**4**

17

5	7	6	1	4	2	8	3	9
3	4	1	6	8	9	5	2	7
9	8	2	5	3	7	1	6	4
2	3	4	7	1	8	6	9	5
8	9	5	4	2	6	7	1	3
1	6	7	3	9	5	2	4	8
7	5	3	2	6	4	9	8	1
6	1	9	8	5	3	4	7	2
4	2	8	9	7	1	3	5	6

18

8	3	6	1	9	7	5	2	4
7	2	9	8	5	4	3	1	6
4	1	5	3	6	2	9	8	7
1	6	3	7	2	5	8	4	9
5	7	2	4	8	9	6	3	1
9	4	8	6	3	1	2	7	5
3	5	7	2	1	6	4	9	8
2	9	1	5	4	8	7	6	3
6	8	4	9	7	3	1	5	2

19

3	2	5	4	1	9	8	7	6
1	6	9	7	2	8	3	4	5
4	8	7	5	6	3	1	9	2
2	7	3	8	5	6	4	1	9
6	5	8	1	9	4	7	2	3
9	1	4	2	3	7	5	6	8
7	3	2	9	8	1	6	5	4
5	4	6	3	7	2	9	8	1
8	9	1	6	4	5	2	3	7

20

1	8	2	4	9	7	6	5	3
3	9	4	8	6	5	7	1	2
5	6	7	1	3	2	9	8	4
2	4	6	7	8	3	5	9	1
7	1	3	5	2	9	8	4	6
8	5	9	6	4	1	3	2	7
6	3	5	2	1	8	4	7	9
4	7	1	9	5	6	2	3	8
9	2	8	3	7	4	1	6	5

21

5	4	1	6	2	3	9	8	7
6	7	8	9	1	4	2	3	5
2	3	9	8	5	7	4	6	1
4	1	7	2	9	8	3	5	6
3	5	2	4	6	1	8	7	9
9	8	6	3	7	5	1	4	2
1	6	3	5	8	9	7	2	4
7	2	4	1	3	6	5	9	8
8	9	5	7	4	2	6	1	3

22

7	9	5	4	1	2	8	3	6
2	6	4	7	8	3	1	9	5
1	8	3	5	6	9	7	2	4
8	5	7	3	9	4	2	6	1
4	1	9	6	2	8	3	5	7
6	3	2	1	5	7	9	4	8
9	4	8	2	7	5	6	1	3
5	7	1	9	3	6	4	8	2
3	2	6	8	4	1	5	7	9

23

9	3	4	2	1	8	7	6	5
8	2	5	3	7	6	4	1	9
7	6	1	4	9	5	8	2	3
4	9	6	5	3	7	2	8	1
1	8	7	9	4	2	3	5	6
2	5	3	8	6	1	9	4	7
3	1	2	7	5	4	6	9	8
5	7	8	6	2	9	1	3	4
6	4	9	1	8	3	5	7	2

24

1	4	7	5	6	3	9	2	8
2	8	5	4	1	9	3	6	7
6	9	3	2	7	8	1	5	4
4	1	6	8	3	7	5	9	2
9	7	8	6	2	5	4	3	1
5	3	2	9	4	1	8	7	6
8	2	1	3	5	6	7	4	9
3	6	9	7	8	4	2	1	5
7	5	4	1	9	2	6	8	3

25

1	2	5	9	7	6	8	4	3
8	7	9	1	3	4	5	2	6
4	3	6	2	5	8	1	9	7
5	8	2	4	1	7	3	6	9
9	1	7	3	6	5	4	8	2
3	6	4	8	2	9	7	5	1
6	5	1	7	4	2	9	3	8
7	4	8	6	9	3	2	1	5
2	9	3	5	8	1	6	7	4

26

2	4	5	7	6	3	9	8	1
9	8	6	5	2	1	4	7	3
3	7	1	9	8	4	2	6	5
6	9	7	3	5	8	1	4	2
4	1	2	6	9	7	5	3	8
5	3	8	1	4	2	6	9	7
8	2	9	4	7	5	3	1	6
1	5	4	8	3	6	7	2	9
7	6	3	2	1	9	8	5	4

27

3	**7**	1	8	4	**5**	**6**	2	9
6	8	2	7	**3**	9	**1**	5	**4**
4	9	5	6	2	1	**7**	**8**	3
5	3	6	**9**	1	4	**8**	7	2
7	1	4	2	8	3	5	9	**6**
8	2	**9**	5	7	**6**	4	3	**1**
1	**5**	**3**	4	9	7	2	6	8
2	4	**7**	3	**6**	8	9	1	**5**
9	6	**8**	**1**	5	2	3	**4**	**7**

28

7	9	4	1	**5**	6	8	2	3
8	**1**	3	**2**	**4**	**9**	6	**7**	5
6	2	5	**8**	7	**3**	1	4	**9**
1	4	**2**	9	8	7	**3**	5	**6**
3	**7**	9	6	2	5	4	**1**	8
5	6	**8**	3	1	4	**7**	9	**2**
2	5	7	**4**	6	**8**	9	3	**1**
4	**3**	6	**5**	**9**	**1**	2	**8**	7
9	8	1	7	**3**	2	5	6	4

29

8	2	3	7	1	4	9	6	5
9	6	5	3	2	8	4	7	1
7	1	4	5	6	9	3	2	8
2	7	6	9	8	1	5	3	4
5	8	1	2	4	3	7	9	6
3	4	9	6	7	5	8	1	2
4	3	8	1	9	2	6	5	7
1	5	7	4	3	6	2	8	9
6	9	2	8	5	7	1	4	3

30

9	5	3	8	6	4	1	7	2
6	2	7	5	3	1	9	8	4
4	1	8	9	7	2	3	5	6
8	3	6	4	1	5	2	9	7
2	7	4	6	8	9	5	1	3
1	9	5	3	2	7	6	4	8
3	8	9	7	5	6	4	2	1
7	4	1	2	9	3	8	6	5
5	6	2	1	4	8	7	3	9

31

3	4	7	6	2	1	5	8	9
6	1	2	9	5	8	3	7	4
5	8	9	3	4	7	1	2	6
7	5	3	1	8	4	6	9	2
1	9	8	7	6	2	4	3	5
4	2	6	5	9	3	7	1	8
2	6	1	4	7	9	8	5	3
9	3	5	8	1	6	2	4	7
8	7	4	2	3	5	9	6	1

32

6	8	1	3	9	5	4	7	2
9	5	7	4	2	1	8	6	3
3	2	4	6	7	8	1	5	9
1	4	6	2	8	9	7	3	5
5	9	3	7	1	6	2	8	4
2	7	8	5	3	4	6	9	1
4	6	9	1	5	7	3	2	8
7	3	5	8	4	2	9	1	6
8	1	2	9	6	3	5	4	7

33

5	6	1	3	4	2	7	9	8
3	7	9	5	8	6	2	4	1
8	2	4	7	9	1	3	6	5
2	1	8	9	6	3	4	5	7
7	4	6	8	1	5	9	2	3
9	3	5	4	2	7	8	1	6
4	5	7	1	3	9	6	8	2
6	9	3	2	5	8	1	7	4
1	8	2	6	7	4	5	3	9

34

1	5	7	4	9	6	2	3	8
9	2	4	1	3	8	6	7	5
3	8	6	7	2	5	4	1	9
7	6	1	3	8	4	5	9	2
2	9	8	6	5	1	3	4	7
4	3	5	9	7	2	8	6	1
5	7	3	2	4	9	1	8	6
6	4	2	8	1	7	9	5	3
8	1	9	5	6	3	7	2	4

35

7	**4**	**3**	2	9	1	**5**	**8**	6
6	8	**1**	3	**4**	5	**2**	9	**7**
5	2	9	**8**	6	**7**	4	3	1
4	5	7	**1**	8	**3**	6	2	9
1	**9**	2	7	5	6	8	**4**	**3**
3	6	8	**9**	2	**4**	7	1	5
2	1	4	**5**	7	**9**	3	6	8
8	3	**5**	6	**1**	2	**9**	7	**4**
9	**7**	**6**	4	3	8	**1**	**5**	2

36

4	7	9	1	8	3	2	6	5
3	2	1	4	5	**6**	**8**	**9**	7
5	6	8	**2**	**7**	**9**	**1**	**3**	4
1	9	**7**	**3**	4	5	**6**	**2**	8
2	4	**3**	7	6	8	**5**	1	9
8	**5**	**6**	9	2	**1**	**7**	4	3
7	**1**	**4**	**5**	**3**	**2**	9	8	6
6	**3**	**2**	**8**	9	7	4	5	1
9	8	5	6	1	4	3	7	**2**

37

5	**4**	**6**	7	8	**1**	2	9	3
7	**9**	**8**	2	**6**	3	5	4	**1**
1	2	**3**	5	4	**9**	6	7	8
4	**6**	7	8	9	2	1	3	**5**
3	1	9	**4**	**5**	**6**	7	8	2
2	8	5	1	3	7	9	**6**	4
6	3	1	**9**	2	8	**4**	5	7
8	7	4	6	**1**	5	**3**	**2**	9
9	5	2	**3**	7	4	**8**	**1**	**6**

38

1	**7**	9	**2**	4	8	3	6	**5**
2	**6**	3	9	7	**5**	8	**4**	**1**
4	8	**5**	3	1	**6**	**9**	2	7
9	**3**	**1**	4	5	7	2	8	**6**
7	4	2	6	**8**	3	5	1	9
6	5	8	1	2	9	**7**	**3**	4
3	2	**4**	**7**	9	1	**6**	5	8
8	**9**	6	**5**	3	4	1	**7**	2
5	1	7	8	6	**2**	4	**9**	**3**

39

6	7	**4**	2	**3**	1	**9**	8	5
2	8	**1**	**5**	**6**	9	4	3	7
5	3	9	7	4	**8**	1	**6**	**2**
8	5	**7**	3	9	6	2	**4**	1
9	**4**	2	1	8	7	6	**5**	**3**
3	**1**	6	4	2	5	**7**	9	8
7	**9**	5	**6**	1	3	8	2	**4**
4	6	3	8	**7**	**2**	5	1	9
1	2	**8**	9	**5**	4	**3**	7	6

40

8	5	**1**	**9**	3	**6**	**2**	4	7
4	**6**	**3**	2	**5**	7	**9**	**1**	**8**
7	2	9	**4**	8	**1**	3	5	6
9	**3**	5	6	2	4	7	**8**	1
2	4	**7**	**5**	**1**	**8**	**6**	3	9
1	**8**	6	3	7	9	4	**2**	5
5	9	4	**1**	6	**3**	8	7	2
6	**7**	**2**	8	**4**	5	**1**	**9**	**3**
3	1	**8**	**7**	9	**2**	**5**	6	4

41

8	4	3	6	2	1	7	5	9
2	9	6	7	4	5	8	1	3
1	5	7	3	8	9	4	2	6
5	6	1	9	3	4	2	7	8
3	8	4	2	7	6	5	9	1
9	7	2	1	5	8	3	6	4
7	2	9	4	1	3	6	8	5
6	3	8	5	9	7	1	4	2
4	1	5	8	6	2	9	3	7

42

8	9	1	3	5	6	2	7	4
7	6	3	9	4	2	5	8	1
4	5	2	8	1	7	6	9	3
2	3	8	5	9	1	4	6	7
5	7	4	2	6	3	8	1	9
9	1	6	7	8	4	3	5	2
1	2	9	6	3	8	7	4	5
6	4	7	1	2	5	9	3	8
3	8	5	4	7	9	1	2	6

43

8	6	3	2	5	4	7	9	1
2	7	5	3	9	1	4	8	6
9	4	1	8	7	6	3	5	2
1	9	2	6	4	5	8	3	7
3	8	7	1	2	9	6	4	5
6	5	4	7	3	8	1	2	9
4	1	6	5	8	2	9	7	3
7	2	9	4	6	3	5	1	8
5	3	8	9	1	7	2	6	4

44

9	8	6	4	3	5	2	7	1
3	5	2	6	7	1	4	8	9
1	4	7	8	2	9	3	5	6
2	3	9	1	6	8	7	4	5
4	6	8	9	5	7	1	3	2
5	7	1	3	4	2	9	6	8
6	9	3	5	1	4	8	2	7
7	1	4	2	8	6	5	9	3
8	2	5	7	9	3	6	1	4

45

8	6	**3**	9	4	1	**7**	5	2
1	**4**	2	8	**5**	7	6	**9**	**3**
5	**7**	9	**2**	3	**6**	4	**1**	8
6	1	8	4	**7**	2	5	3	**9**
9	2	5	**3**	6	**8**	1	4	**7**
4	3	7	5	**1**	9	2	8	**6**
2	**9**	6	**1**	8	**5**	3	**7**	4
7	**5**	4	6	**9**	3	8	**2**	**1**
3	8	**1**	7	2	4	**9**	6	5

46

5	**8**	7	**1**	**3**	2	**6**	4	**9**
6	1	**3**	**8**	9	**4**	**2**	5	**7**
4	9	2	5	7	6	1	8	3
1	**6**	**9**	4	**2**	8	7	**3**	5
2	7	5	9	1	3	8	6	4
3	**4**	8	6	**5**	7	**9**	**1**	2
8	5	1	2	4	9	3	7	6
9	3	**4**	**7**	6	**1**	**5**	2	8
7	2	**6**	3	**8**	5	4	**9**	1

Solutions

47

7	1	3	9	5	8	4	2	6
5	8	9	6	4	2	7	1	3
2	4	6	3	7	1	5	8	9
1	7	4	5	6	9	2	3	8
9	5	8	7	2	3	1	6	4
6	3	2	1	8	4	9	5	7
8	9	7	2	3	5	6	4	1
4	2	1	8	9	6	3	7	5
3	6	5	4	1	7	8	9	2

48

7	3	4	9	1	2	8	6	5
1	8	2	3	6	5	9	4	7
5	6	9	8	7	4	2	3	1
9	4	6	2	5	1	3	7	8
3	2	1	4	8	7	5	9	6
8	5	7	6	9	3	1	2	4
2	1	3	7	4	8	6	5	9
6	7	5	1	3	9	4	8	2
4	9	8	5	2	6	7	1	3

49

8	2	3	9	4	6	1	7	**5**
7	**5**	**9**	**1**	8	2	6	4	3
6	1	**4**	**3**	5	**7**	9	8	2
5	7	**6**	**4**	1	8	3	2	**9**
3	8	**2**	7	9	5	**4**	1	**6**
9	4	1	6	2	**3**	**7**	5	**8**
4	6	8	**5**	7	**9**	**2**	3	1
1	9	5	2	3	**4**	**8**	**6**	**7**
2	3	7	8	6	1	5	9	4

50

6	**9**	**2**	1	**7**	**8**	5	**3**	**4**
1	**5**	7	**3**	4	**6**	2	8	9
3	4	**8**	2	5	**9**	6	7	1
8	**3**	5	9	1	4	7	2	6
7	**1**	4	6	2	3	8	**9**	**5**
9	2	6	7	8	5	4	**1**	3
2	6	3	**4**	9	7	**1**	5	8
4	8	1	**5**	3	**2**	9	**6**	7
5	**7**	9	**8**	**6**	1	**3**	**4**	2

51

4	5	8	9	3	7	1	6	2
1	6	9	2	4	5	8	3	7
2	3	7	8	6	1	5	4	9
6	1	2	3	9	8	4	7	5
8	9	3	7	5	4	2	1	6
5	7	4	6	1	2	3	9	8
7	4	1	5	8	9	6	2	3
3	2	5	4	7	6	9	8	1
9	8	6	1	2	3	7	5	4

52

4	6	1	3	5	7	9	2	8
8	5	7	4	9	2	6	1	3
3	2	9	6	1	8	7	5	4
7	1	4	8	2	6	3	9	5
9	8	6	5	3	4	1	7	2
5	3	2	9	7	1	4	8	6
1	4	5	2	6	9	8	3	7
6	9	3	7	8	5	2	4	1
2	7	8	1	4	3	5	6	9

53

1	4	5	8	2	3	6	9	7
6	9	3	7	4	5	8	2	1
2	8	7	9	6	1	3	5	4
3	1	2	6	9	7	5	4	8
8	7	9	2	5	4	1	6	3
4	5	6	3	1	8	9	7	2
9	6	8	1	7	2	4	3	5
5	2	1	4	3	6	7	8	9
7	3	4	5	8	9	2	1	6

54

4	5	7	8	1	3	6	2	9
8	6	9	4	2	7	1	3	5
3	2	1	9	6	5	8	4	7
7	8	5	6	3	9	4	1	2
2	4	3	7	8	1	9	5	6
1	9	6	5	4	2	7	8	3
9	1	2	3	7	4	5	6	8
5	3	8	1	9	6	2	7	4
6	7	4	2	5	8	3	9	1

55

3	9	8	7	4	2	1	6	5
1	2	7	9	5	6	4	3	8
4	5	6	1	8	3	7	9	2
6	3	5	4	1	8	9	2	7
7	1	2	3	9	5	6	8	4
8	4	9	6	2	7	3	5	1
5	6	1	2	3	4	8	7	9
2	7	4	8	6	9	5	1	3
9	8	3	5	7	1	2	4	6

56

1	2	9	6	3	4	5	7	8
6	3	5	7	8	9	2	4	1
8	7	4	5	2	1	9	6	3
2	1	7	9	4	6	8	3	5
4	9	8	3	1	5	6	2	7
5	6	3	2	7	8	1	9	4
3	5	2	1	6	7	4	8	9
7	4	1	8	9	2	3	5	6
9	8	6	4	5	3	7	1	2

57

2	3	5	7	6	8	9	1	4
6	1	**4**	**9**	5	**3**	2	8	7
7	9	8	**4**	**2**	**1**	6	5	3
4	**8**	**3**	2	7	5	1	6	9
1	**6**	9	3	8	4	5	**7**	**2**
5	7	2	1	9	6	**3**	**4**	8
9	2	1	**5**	**4**	**7**	8	3	**6**
3	4	6	**8**	1	**9**	**7**	2	**5**
8	5	7	6	3	2	4	9	**1**

58

4	7	**5**	9	6	**1**	**2**	**3**	8
1	3	2	7	5	8	4	**6**	**9**
9	**6**	**8**	**3**	2	4	5	7	1
6	**9**	**1**	**5**	**7**	3	**8**	4	2
8	4	7	2	1	9	6	5	3
5	2	**3**	8	**4**	**6**	**1**	9	7
7	1	9	6	8	**5**	**3**	**2**	4
2	**8**	6	4	3	7	9	1	5
3	**5**	**4**	**1**	9	2	**7**	8	6

59

3	2	5	4	1	9	7	6	8
4	1	6	2	8	7	9	3	5
8	9	7	6	3	5	4	2	1
1	4	2	8	7	3	5	9	6
9	7	8	1	5	6	3	4	2
5	6	3	9	4	2	1	8	7
2	8	1	7	9	4	6	5	3
6	5	9	3	2	1	8	7	4
7	3	4	5	6	8	2	1	9

60

4	8	3	7	6	9	1	2	5
6	7	5	8	1	2	4	9	3
2	9	1	4	3	5	6	7	8
7	4	2	3	9	6	5	8	1
1	3	8	2	5	7	9	6	4
5	6	9	1	4	8	2	3	7
9	5	7	6	8	1	3	4	2
8	1	4	9	2	3	7	5	6
3	2	6	5	7	4	8	1	9

61

7	5	3	2	1	8	9	4	6
2	6	8	9	3	4	1	7	5
4	1	9	7	6	5	2	3	8
3	4	6	5	2	9	8	1	7
9	7	2	4	8	1	5	6	3
5	8	1	6	7	3	4	2	9
1	9	5	3	4	6	7	8	2
8	3	7	1	5	2	6	9	4
6	2	4	8	9	7	3	5	1

62

7	5	8	2	6	9	4	3	1
6	1	4	8	5	3	9	7	2
9	3	2	7	1	4	6	5	8
2	6	7	3	4	5	8	1	9
3	8	1	6	9	2	7	4	5
4	9	5	1	7	8	3	2	6
8	7	6	5	3	1	2	9	4
1	2	9	4	8	7	5	6	3
5	4	3	9	2	6	1	8	7

63

6	5	8	2	3	9	4	1	7
4	2	9	5	1	7	8	6	3
7	3	1	6	4	8	2	9	5
2	8	6	1	7	5	9	3	4
5	4	3	8	9	6	1	7	2
9	1	7	4	2	3	6	5	8
8	9	4	7	5	1	3	2	6
3	7	2	9	6	4	5	8	1
1	6	5	3	8	2	7	4	9

64

1	8	4	7	6	9	5	2	3
7	9	2	3	1	5	6	4	8
6	3	5	2	8	4	7	9	1
2	4	6	1	5	7	8	3	9
8	7	9	4	2	3	1	5	6
5	1	3	8	9	6	2	7	4
3	5	7	6	4	1	9	8	2
9	6	8	5	3	2	4	1	7
4	2	1	9	7	8	3	6	5

65

6	8	**5**	**3**	1	4	2	7	**9**
1	**4**	3	2	**7**	9	6	5	8
7	2	**9**	6	**5**	8	1	4	3
8	3	1	**5**	4	7	9	**2**	6
2	**6**	**4**	1	9	3	**5**	**8**	7
5	**9**	7	8	2	**6**	4	3	**1**
3	5	8	4	**6**	1	**7**	9	**2**
4	7	6	**9**	**8**	2	3	**1**	5
9	1	2	7	3	**5**	**8**	6	4

66

2	5	**4**	3	**9**	7	**1**	6	8
8	**9**	**7**	1	**5**	6	3	4	2
1	**6**	3	**2**	4	8	9	7	5
6	**3**	**5**	**4**	**2**	1	7	**8**	**9**
4	2	9	7	8	5	6	3	1
7	**8**	1	9	**6**	**3**	**5**	**2**	4
3	1	2	5	7	**4**	8	**9**	6
5	4	8	6	**3**	9	**2**	**1**	7
9	7	**6**	8	**1**	2	**4**	5	**3**

67

5	8	**4**	3	**6**	2	1	9	7
6	**9**	**2**	**8**	1	7	3	**4**	5
7	3	1	**5**	9	4	8	**6**	**2**
9	4	7	**2**	3	**5**	**6**	**8**	1
2	5	6	1	**4**	8	9	7	**3**
8	**1**	**3**	**6**	7	**9**	2	5	4
1	**7**	5	9	2	**6**	4	3	8
4	**2**	9	7	8	**3**	**5**	**1**	6
3	6	8	4	**5**	1	**7**	2	9

68

2	6	7	3	**1**	**8**	5	**9**	**4**
8	**5**	3	6	4	9	**2**	1	**7**
4	1	9	2	5	**7**	8	**6**	3
7	9	5	1	3	**4**	**6**	8	**2**
6	2	4	9	**8**	5	3	7	**1**
1	3	**8**	**7**	2	6	4	5	9
9	**7**	2	**5**	6	3	1	4	8
5	4	**1**	8	9	2	7	**3**	6
3	**8**	6	**4**	**7**	1	9	2	5

69

2	8	4	3	7	9	1	6	5
3	7	5	2	6	1	8	9	4
6	9	1	8	5	4	3	7	2
7	2	3	1	4	6	5	8	9
5	6	8	9	2	3	4	1	7
1	4	9	5	8	7	6	2	3
4	3	2	7	1	8	9	5	6
9	1	7	6	3	5	2	4	8
8	5	6	4	9	2	7	3	1

70

9	5	8	4	1	3	7	2	6
1	6	2	9	8	7	4	3	5
3	7	4	5	6	2	8	9	1
7	4	3	1	2	8	5	6	9
2	8	5	6	4	9	1	7	3
6	1	9	3	7	5	2	4	8
8	2	1	7	3	6	9	5	4
4	9	6	2	5	1	3	8	7
5	3	7	8	9	4	6	1	2

71

3	2	7	4	1	5	6	9	8
5	1	9	2	6	8	7	4	3
4	6	8	7	3	9	1	2	5
6	4	1	9	8	2	5	3	7
2	7	5	1	4	3	9	8	6
9	8	3	6	5	7	2	1	4
8	5	6	3	9	1	4	7	2
7	9	4	8	2	6	3	5	1
1	3	2	5	7	4	8	6	9

72

3	9	5	2	4	7	1	8	6
1	4	8	5	6	9	3	2	7
7	2	6	3	8	1	4	9	5
9	7	3	4	5	8	2	6	1
4	8	1	9	2	6	5	7	3
5	6	2	7	1	3	8	4	9
2	3	4	6	7	5	9	1	8
6	1	9	8	3	4	7	5	2
8	5	7	1	9	2	6	3	4

73

8	1	9	4	6	5	7	2	3
5	7	2	9	8	3	6	4	1
3	4	6	2	7	1	5	8	9
2	8	3	7	1	4	9	5	6
9	5	1	3	2	6	8	7	4
7	6	4	5	9	8	3	1	2
1	9	7	6	5	2	4	3	8
4	2	5	8	3	9	1	6	7
6	3	8	1	4	7	2	9	5

74

5	9	8	3	6	4	2	7	1
4	1	3	7	9	2	6	5	8
2	6	7	5	8	1	3	4	9
1	8	9	6	2	7	4	3	5
3	4	2	1	5	9	7	8	6
7	5	6	8	4	3	9	1	2
8	7	1	2	3	6	5	9	4
6	3	4	9	1	5	8	2	7
9	2	5	4	7	8	1	6	3

75

8	6	1	5	3	2	9	7	4
5	7	4	1	8	9	2	3	6
9	2	3	4	7	6	8	1	5
7	4	6	2	5	3	1	8	9
1	9	8	6	4	7	3	5	2
2	3	5	8	9	1	4	6	7
3	5	2	7	1	4	6	9	8
6	8	9	3	2	5	7	4	1
4	1	7	9	6	8	5	2	3

76

7	2	3	6	1	8	4	9	5
8	1	9	4	7	5	2	3	6
4	6	5	2	3	9	1	8	7
1	4	7	9	8	2	5	6	3
9	3	6	1	5	4	8	7	2
5	8	2	7	6	3	9	1	4
6	5	8	3	4	1	7	2	9
2	7	1	5	9	6	3	4	8
3	9	4	8	2	7	6	5	1

77

5	4	6	1	2	7	3	9	8
9	7	8	5	3	6	4	2	1
1	2	3	8	9	4	7	5	6
4	1	5	3	8	9	6	7	2
3	9	2	7	6	1	8	4	5
8	6	7	2	4	5	9	1	3
2	3	4	9	5	8	1	6	7
6	8	1	4	7	2	5	3	9
7	5	9	6	1	3	2	8	4

78

7	5	4	2	6	1	3	8	9
6	2	1	8	9	3	5	4	7
8	9	3	4	7	5	2	1	6
3	4	2	7	5	6	8	9	1
9	6	8	1	4	2	7	3	5
5	1	7	9	3	8	6	2	4
1	7	6	3	2	4	9	5	8
2	8	5	6	1	9	4	7	3
4	3	9	5	8	7	1	6	2

79

1	8	7	5	2	4	3	9	6
4	2	3	6	9	1	5	8	7
6	9	5	7	8	3	1	2	4
7	6	9	1	4	5	2	3	8
5	4	8	2	3	9	7	6	1
2	3	1	8	6	7	9	4	5
9	1	6	4	5	2	8	7	3
8	7	2	3	1	6	4	5	9
3	5	4	9	7	8	6	1	2

80

7	3	6	8	9	5	4	1	2
1	9	4	6	7	2	8	5	3
2	5	8	4	1	3	6	7	9
9	7	1	3	8	4	5	2	6
4	8	2	5	6	7	9	3	1
5	6	3	1	2	9	7	4	8
3	1	5	9	4	8	2	6	7
6	2	9	7	5	1	3	8	4
8	4	7	2	3	6	1	9	5

81

3	1	9	6	**7**	8	**2**	4	5
8	5	4	**9**	3	2	**7**	**6**	**1**
2	6	7	**1**	4	**5**	**9**	8	**3**
6	9	8	**7**	5	4	1	3	**2**
7	**2**	**5**	3	6	1	**4**	**9**	8
4	3	1	8	2	**9**	5	7	6
5	7	**6**	**2**	9	**3**	8	1	4
9	8	**2**	4	1	**6**	3	5	7
1	4	**3**	5	**8**	7	6	2	9

82

3	4	1	**6**	5	**7**	8	2	**9**
8	9	6	**3**	**2**	1	5	**4**	7
7	2	**5**	4	9	8	**1**	6	3
2	**6**	4	**5**	7	**9**	3	1	**8**
9	**7**	3	1	8	6	2	**5**	4
1	5	8	**2**	4	**3**	7	**9**	**6**
5	3	**9**	7	1	4	**6**	8	2
4	**1**	7	8	**6**	**2**	9	3	5
6	8	2	**9**	3	**5**	4	7	**1**

83

5	8	9	7	2	3	1	6	4
4	1	6	9	8	5	3	7	2
2	7	3	4	1	6	9	5	8
6	5	4	3	9	1	8	2	7
3	9	7	8	6	2	4	1	5
1	2	8	5	7	4	6	9	3
7	3	1	6	5	8	2	4	9
9	4	2	1	3	7	5	8	6
8	6	5	2	4	9	7	3	1

84

9	8	1	5	6	2	4	7	3
4	5	7	9	8	3	1	6	2
3	6	2	7	1	4	5	8	9
8	3	6	2	7	5	9	4	1
1	7	4	3	9	6	2	5	8
2	9	5	1	4	8	6	3	7
6	1	9	8	5	7	3	2	4
5	2	8	4	3	9	7	1	6
7	4	3	6	2	1	8	9	5

85

2	1	4	9	7	5	6	8	3
9	6	7	3	2	8	5	1	4
8	5	3	6	4	1	2	9	7
1	7	2	4	8	6	3	5	9
5	3	8	1	9	7	4	2	6
4	9	6	5	3	2	1	7	8
3	8	9	2	5	4	7	6	1
6	4	5	7	1	9	8	3	2
7	2	1	8	6	3	9	4	5

86

9	7	1	2	4	6	8	3	5
5	4	3	8	7	9	1	6	2
2	6	8	3	5	1	4	7	9
4	1	6	7	8	2	9	5	3
8	3	5	9	6	4	2	1	7
7	2	9	5	1	3	6	4	8
1	5	2	6	3	8	7	9	4
3	9	4	1	2	7	5	8	6
6	8	7	4	9	5	3	2	1

87

9	3	4	2	6	**7**	**5**	1	**8**
6	**5**	1	8	**3**	**4**	9	**2**	7
7	2	8	**9**	5	1	4	3	6
3	**1**	5	4	8	6	**2**	7	9
4	**9**	7	5	2	3	8	**6**	1
2	8	**6**	1	7	9	3	**5**	**4**
1	7	2	3	9	**8**	6	4	**5**
8	**4**	3	**6**	**1**	5	7	**9**	2
5	6	**9**	**7**	4	2	1	8	**3**

88

7	6	9	**1**	3	5	**2**	4	**8**
8	1	5	2	**6**	4	3	7	9
4	3	**2**	**7**	8	9	**5**	6	1
3	4	1	**6**	9	**7**	**8**	5	**2**
2	**5**	7	3	1	8	4	**9**	6
9	8	**6**	**4**	5	**2**	1	3	7
5	9	**4**	8	2	**6**	**7**	1	**3**
1	7	8	9	**4**	3	6	2	5
6	2	**3**	5	7	**1**	9	8	**4**

89

3	**9**	4	5	6	1	2	**8**	**7**
8	6	5	**7**	3	**2**	4	1	9
7	2	**1**	4	8	9	**5**	6	3
2	**3**	7	**8**	5	**6**	1	**9**	**4**
4	8	6	1	**9**	7	3	5	2
1	**5**	9	**3**	2	**4**	8	**7**	**6**
6	7	**3**	2	1	5	**9**	4	8
9	1	2	**6**	4	**8**	7	3	5
5	**4**	8	9	7	3	6	**2**	**1**

90

1	**3**	7	**2**	**4**	9	5	**8**	6
8	**9**	**2**	**3**	5	6	7	4	**1**
5	4	6	8	7	1	9	**2**	3
3	1	5	**6**	**2**	7	8	9	4
4	7	8	**9**	**3**	**5**	1	6	2
6	2	9	4	**1**	**8**	3	7	5
7	**6**	4	5	9	3	2	1	**8**
9	8	3	1	6	**2**	**4**	**5**	7
2	**5**	1	7	**8**	**4**	6	**3**	**9**

91

9	3	**6**	4	8	1	2	7	5
4	7	**8**	**3**	2	5	**1**	6	9
5	1	**2**	6	7	**9**	8	3	**4**
2	5	4	8	**3**	**7**	6	9	1
1	**9**	**3**	5	**6**	4	**7**	**8**	2
6	8	7	**1**	**9**	2	4	5	**3**
8	4	9	**2**	5	6	**3**	1	7
3	2	**5**	7	1	**8**	**9**	4	**6**
7	6	1	9	4	3	**5**	2	8

92

4	3	**9**	**1**	8	**7**	**5**	2	6
8	6	**7**	**9**	5	**2**	**1**	3	4
5	1	2	6	3	4	9	7	**8**
3	**2**	4	**5**	6	**9**	8	**1**	7
9	**8**	5	7	4	1	3	**6**	2
1	**7**	6	**8**	2	**3**	4	**5**	9
6	5	1	2	9	8	7	4	**3**
2	9	**3**	**4**	7	**5**	**6**	8	1
7	4	**8**	**3**	1	**6**	**2**	9	5

93

3	9	7	**4**	6	8	1	5	2
5	6	4	1	**2**	**9**	**8**	**7**	3
8	**2**	1	5	3	**7**	**9**	6	4
1	**3**	2	6	7	5	4	9	8
7	8	**9**	2	**4**	3	**5**	1	6
6	4	5	8	9	1	2	**3**	**7**
2	5	**8**	**3**	1	6	7	**4**	9
4	**7**	**6**	**9**	**5**	2	3	8	**1**
9	1	3	7	8	**4**	6	2	**5**

94

7	2	4	5	8	9	**3**	**6**	1
5	1	9	4	**6**	3	8	2	7
8	6	**3**	1	**2**	7	4	**9**	**5**
1	7	**2**	**6**	4	5	9	3	8
6	**4**	**8**	9	3	1	**7**	**5**	2
3	9	5	8	7	**2**	**1**	4	6
4	**3**	6	7	**5**	8	**2**	1	9
2	8	1	3	**9**	6	5	7	**4**
9	**5**	**7**	2	1	4	6	8	**3**

95

1	3	**6**	**5**	**9**	2	4	8	**7**
9	**4**	8	**1**	6	**7**	5	**2**	3
5	2	7	8	3	**4**	1	6	**9**
3	**5**	**9**	2	4	6	8	**7**	**1**
6	1	2	9	7	8	3	4	**5**
8	**7**	4	3	5	1	**2**	**9**	6
4	9	1	**7**	2	5	6	3	8
2	**8**	3	**6**	1	**9**	7	**5**	4
7	6	5	4	**8**	**3**	**9**	1	**2**

96

6	2	1	5	**3**	**7**	**4**	8	9
7	8	3	4	1	**9**	5	**2**	6
4	9	**5**	2	6	8	**1**	3	**7**
3	7	2	**9**	4	5	8	**6**	**1**
8	5	6	3	2	1	9	7	**4**
1	**4**	9	8	7	**6**	2	5	3
2	1	**7**	6	8	4	**3**	9	5
5	**6**	8	**1**	9	3	7	4	2
9	3	**4**	**7**	**5**	2	6	1	**8**

97

5	2	**8**	4	**7**	**6**	1	**9**	**3**
7	3	**6**	8	9	1	5	4	**2**
9	4	1	**5**	2	3	6	7	8
4	9	**5**	2	8	7	**3**	6	**1**
6	1	7	**3**	5	**9**	8	2	**4**
2	8	**3**	6	1	4	**7**	5	9
8	6	4	7	3	**2**	9	1	**5**
1	5	2	9	6	8	**4**	3	7
3	**7**	9	**1**	**4**	5	**2**	8	6

98

8	**7**	1	**2**	9	6	3	4	5
6	9	**4**	1	3	**5**	2	8	**7**
2	5	**3**	7	**4**	**8**	**1**	**6**	9
7	**8**	**9**	5	6	2	4	1	**3**
4	2	**5**	8	1	3	**9**	7	6
1	3	6	4	7	9	**8**	**5**	2
5	**4**	**2**	**3**	**8**	7	**6**	9	1
9	1	7	**6**	2	4	**5**	3	8
3	6	8	9	5	**1**	7	**2**	4

99

9	1	**4**	**8**	**2**	3	7	**5**	6
2	3	**8**	7	5	6	9	1	4
7	**5**	**6**	**9**	4	**1**	2	8	3
4	9	1	2	**8**	5	**6**	3	7
6	**2**	5	**3**	1	**7**	8	**4**	9
3	8	**7**	6	**9**	4	5	2	**1**
5	6	3	**1**	7	**8**	**4**	**9**	2
8	7	9	4	3	2	**1**	6	5
1	**4**	2	5	**6**	**9**	**3**	7	**8**

100

3	5	8	**9**	6	4	**1**	2	7
4	7	**1**	3	5	2	**6**	**9**	8
6	**9**	2	1	7	**8**	4	**5**	**3**
1	6	3	7	**2**	5	**9**	8	4
5	8	4	**6**	**1**	**9**	7	3	2
9	2	**7**	8	**4**	3	5	1	**6**
7	**3**	6	**5**	8	1	2	**4**	9
8	**4**	**5**	2	9	7	**3**	6	1
2	1	**9**	4	3	**6**	8	7	**5**

101

9	1	5	7	3	2	6	4	8
3	7	6	5	4	8	9	2	1
8	4	2	6	9	1	7	5	3
1	8	4	2	5	6	3	7	9
5	9	7	4	1	3	8	6	2
2	6	3	9	8	7	5	1	4
7	2	1	3	6	9	4	8	5
6	5	9	8	2	4	1	3	7
4	3	8	1	7	5	2	9	6

102

7	8	5	1	3	6	2	4	9
2	6	9	5	4	7	8	1	3
4	3	1	2	8	9	5	6	7
8	9	4	3	6	2	1	7	5
6	1	2	9	7	5	3	8	4
5	7	3	8	1	4	9	2	6
1	2	6	4	5	3	7	9	8
9	5	7	6	2	8	4	3	1
3	4	8	7	9	1	6	5	2

103

1	2	7	8	5	9	4	6	3
5	3	6	4	2	1	8	9	7
9	8	4	3	7	6	5	1	2
8	9	5	7	4	2	1	3	6
4	6	2	1	3	5	9	7	8
7	1	3	6	9	8	2	4	5
3	7	9	2	8	4	6	5	1
2	5	1	9	6	3	7	8	4
6	4	8	5	1	7	3	2	9

104

1	8	6	3	2	9	5	4	7
5	3	7	6	1	4	9	2	8
2	9	4	5	8	7	3	1	6
8	1	5	9	3	2	6	7	4
7	6	2	4	5	8	1	9	3
9	4	3	1	7	6	2	8	5
4	7	9	2	6	3	8	5	1
3	5	8	7	9	1	4	6	2
6	2	1	8	4	5	7	3	9

105

8	3	2	1	4	5	6	9	7
1	9	5	8	6	7	4	2	3
4	7	6	2	9	3	8	5	1
3	6	9	5	1	2	7	4	8
7	2	4	3	8	9	5	1	6
5	8	1	4	7	6	9	3	2
9	1	8	7	2	4	3	6	5
6	5	7	9	3	1	2	8	4
2	4	3	6	5	8	1	7	9

106

8	6	1	7	5	4	3	9	2
5	2	7	8	9	3	4	6	1
9	4	3	6	1	2	8	7	5
4	1	9	3	8	6	5	2	7
7	5	8	4	2	9	6	1	3
2	3	6	5	7	1	9	4	8
3	9	5	2	4	7	1	8	6
6	7	4	1	3	8	2	5	9
1	8	2	9	6	5	7	3	4

107

6	7	4	2	1	3	9	8	5
5	9	2	6	4	8	1	3	7
8	1	3	5	7	9	2	4	6
1	6	9	3	8	4	5	7	2
7	3	8	1	5	2	4	6	9
2	4	5	9	6	7	3	1	8
9	5	6	7	3	1	8	2	4
4	2	1	8	9	6	7	5	3
3	8	7	4	2	5	6	9	1

108

2	3	4	5	8	9	1	7	6
1	7	6	3	2	4	5	9	8
8	5	9	1	6	7	3	2	4
3	6	8	4	7	2	9	5	1
7	9	1	6	5	8	4	3	2
4	2	5	9	3	1	6	8	7
5	1	2	7	4	3	8	6	9
9	8	3	2	1	6	7	4	5
6	4	7	8	9	5	2	1	3

109

8	9	7	5	1	4	3	2	6
3	6	2	7	8	9	5	4	1
4	5	1	3	2	6	7	8	9
5	4	6	8	3	1	9	7	2
1	3	9	4	7	2	6	5	8
7	2	8	9	6	5	4	1	3
6	1	4	2	9	7	8	3	5
2	8	5	6	4	3	1	9	7
9	7	3	1	5	8	2	6	4

110

8	4	3	1	6	9	7	5	2
7	6	2	5	8	4	9	1	3
5	9	1	3	7	2	8	4	6
1	7	9	6	3	8	4	2	5
6	8	5	2	4	7	3	9	1
3	2	4	9	5	1	6	7	8
2	3	7	4	1	6	5	8	9
9	5	8	7	2	3	1	6	4
4	1	6	8	9	5	2	3	7

111

4	9	6	1	8	2	5	3	7
3	7	2	6	5	4	1	8	9
8	1	5	3	7	9	6	4	2
2	4	7	8	3	5	9	6	1
1	8	9	4	6	7	3	2	5
5	6	3	2	9	1	8	7	4
7	3	4	5	1	8	2	9	6
9	5	8	7	2	6	4	1	3
6	2	1	9	4	3	7	5	8

112

3	5	8	4	6	2	1	9	7
7	4	9	8	1	5	3	2	6
2	1	6	3	9	7	4	5	8
6	9	1	2	5	8	7	4	3
8	3	5	7	4	9	2	6	1
4	7	2	1	3	6	5	8	9
1	2	3	9	8	4	6	7	5
9	6	7	5	2	1	8	3	4
5	8	4	6	7	3	9	1	2

113

3	2	1	5	7	9	4	6	8
6	4	8	2	3	1	9	7	5
7	5	9	6	4	8	3	1	2
4	9	5	1	2	3	7	8	6
2	7	3	9	8	6	1	5	4
8	1	6	7	5	4	2	3	9
9	3	4	8	1	5	6	2	7
5	6	2	3	9	7	8	4	1
1	8	7	4	6	2	5	9	3

114

7	1	6	5	8	3	9	2	4
3	8	5	4	2	9	6	1	7
4	9	2	6	7	1	3	8	5
1	5	7	9	4	2	8	6	3
6	4	9	7	3	8	2	5	1
2	3	8	1	5	6	7	4	9
8	7	4	3	6	5	1	9	2
5	6	1	2	9	7	4	3	8
9	2	3	8	1	4	5	7	6

115

7	1	6	8	3	**4**	**9**	**2**	5
2	8	**3**	7	9	**5**	**4**	6	1
5	**4**	9	**1**	6	2	7	**3**	8
3	**2**	1	6	5	9	**8**	7	4
9	6	5	4	**8**	7	2	1	3
4	7	**8**	2	1	3	5	**9**	**6**
1	**5**	2	3	7	**8**	6	**4**	**9**
8	3	**7**	**9**	4	6	**1**	5	**2**
6	**9**	**4**	**5**	2	1	3	8	7

116

5	9	**8**	**7**	3	4	**1**	6	2
7	**3**	**2**	1	9	6	4	5	8
6	**4**	1	**8**	**5**	2	9	3	**7**
3	7	**5**	**9**	**4**	1	2	8	6
9	8	6	**5**	2	**7**	3	1	**4**
1	2	4	6	**8**	**3**	**7**	9	5
2	6	9	3	**7**	**8**	5	**4**	1
4	1	3	2	6	5	**8**	**7**	9
8	5	**7**	4	1	**9**	**6**	2	3

117

5	4	8	3	1	7	9	2	6
2	9	1	6	4	5	8	3	7
7	6	3	2	8	9	1	5	4
8	3	7	5	9	4	6	1	2
1	5	4	7	2	6	3	9	8
6	2	9	8	3	1	4	7	5
9	7	2	4	6	3	5	8	1
3	8	6	1	5	2	7	4	9
4	1	5	9	7	8	2	6	3

118

8	2	9	6	3	1	7	4	5
4	6	5	9	2	7	3	1	8
3	1	7	5	8	4	6	2	9
5	7	2	4	9	6	8	3	1
1	8	3	2	7	5	9	6	4
6	9	4	8	1	3	2	5	7
2	5	8	1	6	9	4	7	3
7	4	6	3	5	8	1	9	2
9	3	1	7	4	2	5	8	6

119

8	1	2	3	6	9	5	4	7
6	4	7	8	1	5	2	9	3
5	9	3	2	7	4	8	1	6
9	7	4	5	8	1	6	3	2
2	8	5	6	4	3	9	7	1
1	3	6	7	9	2	4	5	8
7	5	9	1	2	6	3	8	4
4	6	8	9	3	7	1	2	5
3	2	1	4	5	8	7	6	9

120

1	7	5	9	3	6	8	4	2
8	9	6	1	2	4	7	3	5
4	2	3	7	8	5	6	9	1
6	5	9	8	1	7	3	2	4
3	4	8	5	9	2	1	6	7
7	1	2	6	4	3	9	5	8
5	3	1	4	6	8	2	7	9
2	8	7	3	5	9	4	1	6
9	6	4	2	7	1	5	8	3

121

2	3	1	5	7	9	4	6	8
7	8	5	4	3	6	2	1	9
9	6	4	8	1	2	3	7	5
3	1	7	9	5	4	8	2	6
6	5	2	1	8	7	9	4	3
8	4	9	2	6	3	1	5	7
1	2	8	7	9	5	6	3	4
5	9	3	6	4	1	7	8	2
4	7	6	3	2	8	5	9	1

122

3	2	7	4	6	8	9	5	1
9	8	1	5	3	7	2	4	6
5	4	6	9	1	2	3	8	7
6	1	4	2	9	3	8	7	5
7	3	8	1	4	5	6	9	2
2	5	9	8	7	6	4	1	3
8	6	3	7	5	4	1	2	9
4	9	5	6	2	1	7	3	8
1	7	2	3	8	9	5	6	4

123

7	1	3	9	8	6	5	4	2
2	6	4	3	1	5	8	9	7
5	8	9	7	4	2	1	3	6
1	3	6	4	7	8	9	2	5
8	9	2	1	5	3	7	6	4
4	5	7	6	2	9	3	1	8
3	7	1	5	6	4	2	8	9
6	2	5	8	9	1	4	7	3
9	4	8	2	3	7	6	5	1

124

2	7	4	8	6	9	5	1	3
9	5	3	7	2	1	6	8	4
1	8	6	4	5	3	7	9	2
3	1	7	9	4	2	8	6	5
8	2	9	5	3	6	1	4	7
4	6	5	1	7	8	2	3	9
5	9	1	3	8	7	4	2	6
7	3	2	6	1	4	9	5	8
6	4	8	2	9	5	3	7	1

125

5	2	1	7	4	6	8	9	3
6	9	4	1	8	3	7	2	5
7	8	3	9	5	2	6	1	4
3	1	5	6	2	8	4	7	9
4	7	9	5	3	1	2	8	6
8	6	2	4	7	9	3	5	1
9	3	6	2	1	7	5	4	8
1	4	7	8	6	5	9	3	2
2	5	8	3	9	4	1	6	7

126

7	6	2	3	8	4	5	1	9
1	3	5	9	6	7	4	2	8
9	4	8	2	5	1	6	7	3
3	8	4	5	7	9	1	6	2
6	5	7	1	3	2	8	9	4
2	1	9	8	4	6	7	3	5
5	9	6	7	2	8	3	4	1
4	2	3	6	1	5	9	8	7
8	7	1	4	9	3	2	5	6

127

4	8	5	1	3	7	6	9	2
6	2	7	4	5	9	3	1	8
9	3	1	8	2	6	4	7	5
7	9	6	3	4	8	2	5	1
2	1	3	9	7	5	8	4	6
5	4	8	6	1	2	7	3	9
8	7	4	2	9	1	5	6	3
3	6	9	5	8	4	1	2	7
1	5	2	7	6	3	9	8	4

128

9	1	5	4	2	6	3	8	7
8	7	4	3	9	1	2	5	6
2	3	6	5	8	7	4	1	9
7	4	8	2	5	3	9	6	1
1	9	2	6	4	8	5	7	3
5	6	3	1	7	9	8	2	4
3	5	7	9	1	2	6	4	8
6	2	1	8	3	4	7	9	5
4	8	9	7	6	5	1	3	2

129

4	6	1	7	3	5	8	9	2
3	8	9	2	1	4	6	5	7
7	5	2	9	6	8	3	4	1
1	3	6	8	9	7	5	2	4
8	2	4	1	5	3	9	7	6
9	7	5	6	4	2	1	3	8
5	1	3	4	2	6	7	8	9
2	9	8	3	7	1	4	6	5
6	4	7	5	8	9	2	1	3

130

6	8	7	9	4	1	2	5	3
3	9	1	2	5	8	4	7	6
5	2	4	6	7	3	8	1	9
2	5	8	4	6	7	9	3	1
1	4	6	3	2	9	5	8	7
7	3	9	8	1	5	6	2	4
8	7	5	1	9	4	3	6	2
9	1	2	5	3	6	7	4	8
4	6	3	7	8	2	1	9	5

131

6	**4**	7	5	2	**1**	3	9	8
3	8	5	**6**	9	**4**	1	**7**	**2**
1	2	9	3	8	7	4	5	**6**
9	3	**2**	4	7	**5**	**6**	8	1
8	6	4	9	1	3	7	2	**5**
7	5	**1**	**2**	6	8	**9**	4	3
4	1	3	7	5	2	8	6	9
5	**9**	8	**1**	4	**6**	2	3	7
2	7	6	**8**	3	9	5	**1**	**4**

132

9	**7**	3	6	**1**	**5**	2	8	**4**
5	6	**8**	7	2	**4**	1	3	**9**
4	2	1	9	**3**	8	7	**6**	5
3	**5**	7	8	9	6	4	2	1
1	9	**2**	4	7	3	**8**	5	**6**
6	8	4	2	5	1	3	**9**	**7**
8	**3**	5	1	**4**	9	6	7	2
7	1	6	**5**	8	2	**9**	4	3
2	4	9	**3**	**6**	7	5	**1**	**8**

133

1	9	5	**6**	**7**	4	3	8	2
8	2	**7**	3	5	9	4	**1**	6
3	**4**	6	8	1	2	9	**5**	7
9	5	3	4	**6**	1	**2**	7	8
7	**8**	2	**9**	3	**5**	6	**4**	1
4	6	**1**	2	**8**	7	5	3	**9**
5	**3**	8	7	9	6	1	**2**	4
6	**1**	4	5	2	8	**7**	9	**3**
2	7	9	1	**4**	**3**	8	6	5

134

3	**8**	5	**4**	9	**7**	2	**6**	1
2	6	1	3	**8**	5	9	7	**4**
7	4	**9**	1	**6**	2	**8**	5	3
9	3	2	8	4	6	5	1	**7**
4	7	6	**5**	1	**9**	3	8	**2**
1	5	8	7	2	3	4	9	**6**
8	2	**3**	9	**7**	1	**6**	4	5
5	9	7	6	**3**	4	1	2	**8**
6	**1**	4	**2**	5	**8**	7	**3**	9

135

6	5	9	7	1	4	2	3	8
8	4	2	5	6	3	7	9	1
3	1	7	8	2	9	5	6	4
5	3	6	9	8	7	4	1	2
1	7	4	3	5	2	6	8	9
2	9	8	1	4	6	3	5	7
9	6	1	2	7	5	8	4	3
4	2	3	6	9	8	1	7	5
7	8	5	4	3	1	9	2	6

136

1	6	5	3	8	4	9	7	2
2	7	4	1	6	9	8	5	3
8	9	3	5	7	2	4	6	1
3	8	2	6	4	1	7	9	5
7	5	1	8	9	3	6	2	4
6	4	9	2	5	7	3	1	8
5	3	8	9	2	6	1	4	7
4	1	6	7	3	5	2	8	9
9	2	7	4	1	8	5	3	6

137

7	4	9	**6**	5	**3**	8	1	2
5	3	**2**	7	1	8	6	9	4
1	6	8	2	**9**	4	**5**	**3**	7
9	5	6	4	2	1	**3**	7	8
3	**8**	**4**	5	6	7	**1**	**2**	9
2	1	**7**	3	8	9	4	6	**5**
8	**9**	**5**	1	**7**	6	2	4	**3**
6	2	3	9	4	5	**7**	8	**1**
4	7	1	**8**	3	**2**	9	5	**6**

138

8	9	**5**	4	6	2	**7**	3	**1**
3	7	2	9	1	**8**	4	6	5
4	**1**	6	**3**	7	5	**2**	**8**	9
9	2	1	5	**8**	**4**	6	7	**3**
7	5	3	6	2	9	8	1	**4**
6	4	8	**1**	**3**	7	5	9	2
2	**6**	**9**	8	4	**3**	1	**5**	7
5	8	7	**2**	9	1	3	4	6
1	3	**4**	7	5	6	**9**	2	**8**

139

1	5	8	2	7	9	6	4	3
7	6	4	1	5	3	9	8	2
9	3	2	6	8	4	7	1	5
6	7	9	4	2	5	1	3	8
8	2	5	7	3	1	4	9	6
3	4	1	8	9	6	2	5	7
4	9	7	5	6	8	3	2	1
2	8	3	9	1	7	5	6	4
5	1	6	3	4	2	8	7	9

140

2	5	4	7	6	3	9	8	1
9	6	3	1	8	4	2	5	7
7	8	1	2	5	9	4	3	6
1	3	6	8	4	5	7	2	9
8	4	7	3	9	2	6	1	5
5	2	9	6	1	7	8	4	3
6	1	5	9	2	8	3	7	4
4	7	8	5	3	6	1	9	2
3	9	2	4	7	1	5	6	8

141

4	5	3	9	2	1	8	7	6
9	1	2	6	8	7	3	5	4
6	7	8	3	5	4	2	9	1
2	3	9	8	4	5	6	1	7
8	6	1	7	3	9	5	4	2
5	4	7	2	1	6	9	3	8
3	8	4	5	7	2	1	6	9
1	9	5	4	6	8	7	2	3
7	2	6	1	9	3	4	8	5

142

3	2	8	5	7	1	4	9	6
1	7	5	9	6	4	3	2	8
6	4	9	2	3	8	5	1	7
8	3	7	6	9	2	1	4	5
5	9	1	3	4	7	6	8	2
4	6	2	1	8	5	7	3	9
7	8	3	4	5	9	2	6	1
2	5	6	8	1	3	9	7	4
9	1	4	7	2	6	8	5	3

143

8	9	5	1	3	7	2	6	4
3	2	1	9	4	6	7	8	5
4	6	7	8	2	5	1	9	3
5	8	4	2	1	3	9	7	6
2	3	6	7	5	9	4	1	8
1	7	9	6	8	4	5	3	2
7	5	2	3	9	8	6	4	1
6	4	3	5	7	1	8	2	9
9	1	8	4	6	2	3	5	7

144

5	1	7	4	9	2	8	3	6
4	2	8	6	5	3	7	9	1
6	9	3	1	8	7	2	4	5
9	6	5	3	4	8	1	7	2
2	7	1	5	6	9	4	8	3
3	8	4	7	2	1	5	6	9
8	3	2	9	1	4	6	5	7
1	5	9	8	7	6	3	2	4
7	4	6	2	3	5	9	1	8

145

8	6	4	7	3	**9**	**2**	5	**1**
2	3	5	**6**	**4**	1	**7**	9	**8**
9	7	1	2	5	8	**3**	**6**	4
1	**8**	7	5	9	**2**	4	3	6
5	4	3	**8**	7	**6**	9	1	2
6	9	2	**3**	1	4	8	**7**	**5**
4	**1**	**6**	9	8	7	5	2	**3**
3	2	**9**	4	**6**	**5**	1	8	7
7	5	**8**	**1**	2	3	6	4	9

146

6	9	3	**1**	**2**	8	5	7	**4**
2	**8**	7	4	**3**	5	9	6	1
4	1	5	**7**	9	6	3	8	**2**
5	7	**9**	2	**8**	1	**4**	3	6
3	**6**	2	5	4	7	1	**9**	8
8	4	**1**	9	**6**	3	**7**	2	**5**
7	3	4	8	1	**2**	6	5	9
9	2	6	3	**5**	4	8	**1**	7
1	5	**8**	6	**7**	**9**	2	4	**3**

147

1	5	2	6	8	4	3	9	7
7	3	8	5	9	2	6	4	1
6	4	9	3	1	7	8	2	5
3	8	6	2	5	1	9	7	4
5	2	4	9	7	3	1	8	6
9	7	1	4	6	8	2	5	3
8	1	5	7	3	9	4	6	2
4	6	3	8	2	5	7	1	9
2	9	7	1	4	6	5	3	8

148

9	4	1	8	5	6	2	7	3
8	2	5	3	7	1	4	6	9
6	3	7	4	2	9	5	8	1
3	6	8	5	9	2	1	4	7
4	7	9	1	8	3	6	5	2
5	1	2	7	6	4	9	3	8
1	5	6	2	3	7	8	9	4
7	8	4	9	1	5	3	2	6
2	9	3	6	4	8	7	1	5

149

9	1	2	6	7	8	5	4	3
6	8	7	5	4	3	9	1	2
4	3	5	2	9	1	8	6	7
5	9	6	4	2	7	1	3	8
3	4	1	9	8	6	7	2	5
2	7	8	3	1	5	4	9	6
7	6	4	8	3	9	2	5	1
1	5	9	7	6	2	3	8	4
8	2	3	1	5	4	6	7	9

150

9	5	4	7	3	2	1	6	8
3	7	2	8	6	1	5	4	9
6	8	1	9	5	4	2	3	7
7	2	8	3	4	5	6	9	1
1	9	6	2	8	7	3	5	4
5	4	3	1	9	6	8	7	2
8	6	7	5	1	9	4	2	3
2	3	5	4	7	8	9	1	6
4	1	9	6	2	3	7	8	5